Tabelle

zur

Berechnung der volumetrischen Stickstoff-Bestimmungen

von

L. Gattermann

Leipzig
Verlag von Veit & Comp.
1906

Druck von Metzger & Wittig in Leipzig.

Hat man bei einer volumetrischen Stickstoff-Bestimmung aus s Milligrammen Substanz v Kubikzentimeter feuchten Stickstoff (bei t^0 und b mm Barometerstand) erhalten und ist g das Gewicht des bei t^0 und b mm in einem Kubikzentimeter feuchten, d. h. mit Wasserdampf gesättigten Stickstoffs enthaltenen reinen Stickstoffs (ebenfalls in Milligrammen), so ist der Prozentgehalt an Stickstoff:

$$p = \frac{100 \cdot v \cdot g}{s}.$$

In dem ersten Teile der nachfolgenden Tabelle ist nun für Barometerstände von 691—780 mm und Temperaturen von 5—35° angegeben, wie viel reiner Stickstoff (in Milligrammen) jeweils in einem Kubikzentimeter feuchten, d. h. mit Wasserdampf gesättigten Stickstoffs enthalten ist. Bei der Berechnung der Tabelle diente als Grundlage, daß ein Kubikzentimeter reiner trockner Stickstoff bei 0° und 760 mm Quecksilberdruck nach Versuchen von Rayleigh und Ramsay (Zeitschrift f. physikal. Chemie: 16, 347)

1·2505 mg

wiegt.

Im zweiten Teile sind die Mantissen der dekadischen Logarithmen der Stickstoffgewichte aufgeführt.

Unter gewissen Umständen (hohe Temperatur des Barometers, hoher Stickstoffgehalt) hat es Zweck, den Barometerstand auf 0° zu reduzieren. Ist t_b die **in unmittelbarer Nähe des Barometers** herrschende Temperatur, so ist vom abgelesenen Barometerstande (sowohl für Glas- wie Messingskala) zu subtrahieren:

für t_b	=	5°	bis 11°	. . .	1 mm
„	=	12°	„ 19°	. . .	2 „
„	=	20°	„ 27°	. . .	3 „
„	=	28°	„ 35°	. . .	4 „

Der Stickstoffgehalt wird demnach bei Berücksichtigung dieser Korrektur etwas niedriger gefunden. Hat man z. B. ohne Korrektur einen N-Gehalt von 10 % gefunden, so ändert sich dieser unter Berücksichtigung der Korrektur im Mittel in folgender Weise:

Temperatur des Barometers			Differenz
5° bis 11°	. . . 9·99 % N	. . .	— 0·01 %
12° „ 19°	. . . 9·97 „	. . .	— 0·03 „
20° „ 27°	. . . 9·96 „	. . .	— 0·04 „
28° „ 35°	. . . 9·95 „	. . .	— 0·05 „

Die Differenzen ändern sich proportional dem N-Gehalt, sind also z. B. bei 20 % N doppelt so groß.

Erster Teil

Stickstoffgewichte

t	b 691	692	693	694	695 mm
5°	1·1060	1·1076	1·1092	1·1108	1·1125
6°	1·1012	1·1028	1·1044	1·1061	1·1077
7°	1·0965	1·0981	1·0997	1·1013	1·1029
8°	1·0918	1·0934	1·0950	1·0966	1·0982
9°	1·0871	1·0887	1·0903	1·0919	1·0935
10°	1·0823	1·0839	1·0855	1·0871	1·0887
11°	1·0774	1·0790	1·0805	1·0821	1·0837
12°	1·0726	1·0742	1·0758	1·0774	1·0790
13°	1·0678	1·0694	1·0709	1·0725	1·0741
14°	1·0628	1·0644	1·0659	1·0675	1·0691
15°	1·0579	1·0594	1·0610	1·0626	1·0641
16°	1·0530	1·0545	1·0561	1·0576	1·0592
17°	1·0479	1·0495	1·0510	1·0526	1·0541
18°	1·0429	1·0445	1·0460	1·0476	1·0491
19°	1·0378	1·0393	1·0409	1·0424	1·0440
20°	1·0326	1·0341	1·0356	1·0372	1·0387
21°	1·0274	1·0289	1·0304	1·0320	1·0335
22°	1·0222	1·0237	1·0253	1·0268	1·0283
23°	1·0168	1·0183	1·0198	1·0213	1·0228
24°	1·0114	1·0129	1·0144	1·0159	1·0174
25°	1·0060	1·0075	1·0090	1·0106	1·0121
26°	1·0004	1·0019	1·0034	1·0049	1·0064
27°	0·9948	0·9963	0·9978	0·9993	1·0008
28°	0·9891	0·9906	0·9921	0·9936	0·9951
29°	0·9835	0·9849	0·9864	0·9879	0·9894
30°	0·9775	0·9790	0·9805	0·9820	0·9835
31°	0·9715	0·9730	0·9745	0·9759	0·9774
32°	0·9655	0·9670	0·9685	0·9700	0·9714
33°	0·9593	0·9608	0·9622	0·9637	0·9651
34°	0·9531	0·9545	0·9560	0·9575	0·9589
35°	0·9466	0·9481	0·9495	0·9510	0·9525
t	b 691	692	693	694	695 mm

Stickstoffgewichte

t	*b* 696	697	698	699	700 mm
5°	1·1141	1·1157	1·1173	1·1189	1·1205
6°	1·1093	1·1109	1·1125	1·1141	1·1157
7°	1·1045	1·1061	1·1077	1·1093	1·1109
8°	1·0998	1·1014	1·1030	1·1046	1·1062
9°	1·0951	1·0967	1·0983	1·0998	1·1014
10°	1·0902	1·0919	1·0934	1·0950	1·0966
11°	1·0853	1·0869	1·0884	1·0900	1·0916
12°	1·0805	1·0821	1·0837	1·0853	1·0868
13°	1·0757	1·0772	1·0788	1·0804	1·0819
14°	1·0706	1·0722	1·0738	1·0753	1·0769
15°	1·0657	1·0672	1·0688	1·0703	1·0719
16°	1·0607	1·0623	1·0638	1·0654	1·0670
17°	1·0557	1·0572	1·0588	1·0603	1·0619
18°	1·0507	1·0522	1·0537	1·0553	1·0568
19°	1·0455	1·0470	1·0486	1·0501	1·0517
20°	1·0402	1·0418	1·0433	1·0448	1·0464
21°	1·0350	1·0365	1·0381	1·0396	1·0411
22°	1·0298	1·0314	1·0329	1·0344	1·0359
23°	1·0244	1·0259	1·0274	1·0289	1·0304
24°	1·0190	1·0205	1·0220	1·0235	1·0250
25°	1·0136	1·0151	1·0166	1·0181	1·0196
26°	1·0079	1·0094	1·0109	1·0124	1·0139
27°	1·0023	1·0038	1·0053	1·0068	1·0083
28°	0·9966	0·9981	0·9996	1·0011	1·0025
29°	0·9909	0·9924	0·9939	0·9954	0·9969
30°	0·9849	0·9864	0·9879	0·9894	0·9909
31°	0·9789	0·9804	0·9818	0·9833	0·9848
32°	0·9729	0·9744	0·9758	0·9773	0·9788
33°	0·9666	0·9681	0·9696	0·9710	0·9725
34°	0·9604	0·9619	0·9633	0·9648	0·9662
35°	0·9539	0·9554	0·9568	0·9583	0·9598
t	*b* 696	697	698	699	700 mm

Stickstoffgewichte

t	b 701	702	703	704	705 mm
5°	1·1222	1·1238	1·1254	1·1270	1·1286
6°	1·1173	1·1189	1·1205	1·1222	1·1238
7°	1·1125	1·1141	1·1157	1·1173	1·1189
8°	1·1077	1·1094	1·1109	1·1126	1·1141
9°	1·1030	1·1046	1·1062	1·1078	1·1094
10°	1·0982	1·0998	1·1014	1·1029	1·1045
11°	1·0932	1·0948	1·0964	1·0979	1·0995
12°	1·0884	1·0900	1·0916	1·0931	1·0947
13°	1·0835	1·0851	1·0866	1·0882	1·0898
14°	1·0785	1·0800	1·0816	1·0832	1·0847
15°	1·0735	1·0750	1·0766	1·0782	1·0797
16°	1·0685	1·0700	1·0716	1·0732	1·0747
17°	1·0634	1·0650	1·0665	1·0681	1·0696
18°	1·0583	1·0599	1·0615	1·0630	1·0645
19°	1·0532	1·0547	1·0563	1·0578	1·0593
20°	1·0479	1·0494	1·0510	1·0525	1·0540
21°	1·0427	1·0442	1·0457	1·0472	1·0488
22°	1·0374	1·0390	1·0405	1·0420	1·0435
23°	1·0320	1·0335	1·0350	1·0365	1·0380
24°	1·0265	1·0280	1·0295	1·0310	1·0325
25°	1·0211	1·0226	1·0241	1·0256	1·0271
26°	1·0154	1·0169	1·0184	1·0199	1·0214
27°	1·0098	1·0113	1·0128	1·0143	1·0158
28°	1·0040	1·0055	1·0070	1·0085	1·0100
29°	0·9984	0·9998	1·0013	1·0028	1·0043
30°	0·9924	0·9939	0·9953	0·9968	0·9983
31°	0·9863	0·9878	0·9892	0·9907	0·9922
32°	0·9803	0·9817	0·9832	0·9847	0·9862
33°	0·9740	0·9754	0·9769	0·9784	0·9798
34°	0·9677	0·9692	0·9706	0·9721	0·9736
35°	0·9612	0·9627	0·9641	0·9656	0·9670
t	b 701	702	703	704	705 mm

Stickstoffgewichte

t	b 706	707	708	709	710 mm
5°	1·1302	1·1318	1·1335	1·1351	1·1367
6°	1·1254	1·1270	1·1286	1·1302	1·1318
7°	1·1205	1·1222	1·1237	1·1254	1·1270
8°	1·1158	1·1174	1·1189	1·1205	1·1222
9°	1·1110	1·1126	1·1142	1·1158	1·1174
10°	1·1061	1·1077	1·1093	1·1109	1·1125
11°	1·1011	1·1027	1·1043	1·1058	1·1074
12°	1·0963	1·0978	1·0994	1·1010	1·1026
13°	1·0914	1·0929	1·0945	1·0961	1·0976
14°	1·0863	1·0879	1·0894	1·0910	1·0926
15°	1·0813	1·0828	1·0844	1·0860	1·0875
16°	1·0763	1·0778	1·0794	1·0809	1·0825
17°	1·0712	1·0727	1·0743	1·0758	1·0774
18°	1·0661	1·0676	1·0692	1·0707	1·0723
19°	1·0609	1·0624	1·0640	1·0655	1·0670
20°	1·0556	1·0571	1·0586	1·0601	1·0617
21°	1·0503	1·0518	1·0533	1·0549	1·0564
22°	1·0450	1·0466	1·0481	1·0496	1·0511
23°	1·0395	1·0411	1·0426	1·0441	1·0456
24°	1·0341	1·0356	1·0371	1·0386	1·0401
25°	1·0286	1·0301	1·0316	1·0332	1·0347
26°	1·0229	1·0244	1·0259	1·0275	1·0289
27°	1·0173	1·0188	1·0203	1·0218	1·0233
28°	1·0115	1·0130	1·0145	1·0160	1·0175
29°	1·0058	1·0073	1·0087	1·0102	1·0117
30°	0·9998	1·0013	1·0027	1·0042	1·0057
31°	0·9937	0·9951	0·9966	0·9981	0·9996
32°	0·9876	0·9891	0·9906	0·9920	0·9935
33°	0·9813	0·9828	0·9842	0·9857	0·9872
34°	0·9750	0·9765	0·9779	0·9794	0·9809
35°	0·9685	0·9700	0·9714	0·9729	0·9743
t	b 706	707	708	709	710 mm

t	*b* 711	712	713	714	715 mm
5°	1·1383	1·1399	1·1415	1·1432	1·1448
6°	1·1334	1·1350	1·1366	1·1383	1·1399
7°	1·1286	1·1302	1·1318	1·1334	1·1350
8°	1·1237	1·1253	1·1270	1·1285	1·1301
9°	1·1190	1·1205	1·1222	1·1237	1·1253
10°	1·1141	1·1156	1·1172	1·1188	1·1204
11°	1·1090	1·1106	1·1122	1·1137	1·1153
12°	1·1042	1·1057	1·1073	1·1089	1·1105
13°	1·0992	1·1008	1·1024	1·1039	1·1055
14°	1·0941	1·0957	1·0972	1·0988	1·1004
15°	1·0891	1·0906	1·0922	1·0937	1·0953
16°	1·0840	1·0856	1·0872	1·0887	1·0903
17°	1·0789	1·0805	1·0820	1·0836	1·0851
18°	1·0738	1·0754	1·0769	1·0784	1·0800
19°	1·0686	1·0701	1·0717	1·0732	1·0747
20°	1·0632	1·0648	1·0663	1·0678	1·0694
21°	1·0579	1·0595	1·0610	1·0625	1·0640
22°	1·0527	1·0542	1·0557	1·0572	1·0587
23°	1·0471	1·0486	1·0502	1·0517	1·0532
24°	1·0416	1·0431	1·0446	1·0462	1·0477
25°	1·0362	1·0377	1·0392	1·0407	1·0422
26°	1·0304	1·0320	1·0335	1·0350	1·0365
27°	1·0248	1·0263	1·0278	1·0292	1·0307
28°	1·0190	1·0204	1·0220	1·0234	1·0249
29°	1·0132	1·0147	1·0162	1·0177	1·0192
30°	1·0072	1·0087	1·0102	1·0116	1·0131
31°	1·0010	1·0025	1·0040	1·0055	1·0070
32°	0·9950	0·9965	0·9979	0·9994	1·0009
33°	0·9886	0·9901	0·9916	0·9930	0·9945
34°	0·9823	0·9838	0·9853	0·9867	0·9882
35°	0·9758	0·9772	0·9787	0·9802	0·9816
t	*b* 711	712	713	714	715 mm

Stickstoffgewichte

t	b 716	717	718	719	720 mm
5°	1·1464	1·1480	1·1496	1·1512	1·1528
6°	1·1415	1·1431	1·1447	1·1463	1·1479
7°	1·1366	1·1382	1·1398	1·1414	1·1430
8°	1·1317	1·1333	1·1349	1·1365	1·1381
9°	1·1269	1·1285	1·1301	1·1317	1·1333
10°	1·1220	1·1236	1·1252	1·1268	1·1283
11°	1·1169	1·1185	1·1201	1·1217	1·1232
12°	1·1121	1·1136	1·1152	1·1168	1·1183
13°	1·1071	1·1086	1·1102	1·1118	1·1133
14°	1·1019	1·1035	1·1051	1·1066	1·1082
15°	1·0969	1·0984	1·1000	1·1015	1·1031
16°	1·0918	1·0934	1·0949	1·0965	1·0980
17°	1·0867	1·0882	1·0898	1·0913	1·0929
18°	1·0815	1·0831	1·0846	1·0862	1·0877
19°	1·0763	1·0778	1·0794	1·0809	1·0824
20°	1·0709	1·0724	1·0740	1·0755	1·0770
21°	1·0656	1·0671	1·0686	1·0702	1·0717
22°	1·0603	1·0618	1·0633	1·0649	1·0664
23°	1·0547	1·0562	1·0578	1·0593	1·0608
24°	1·0492	1·0507	1·0522	1·0537	1·0552
25°	1·0437	1·0452	1·0467	1·0482	1·0497
26°	1·0380	1·0395	1·0410	1·0425	1·0440
27°	1·0322	1·0337	1·0352	1·0367	1·0382
28°	1·0264	1·0279	1·0294	1·0309	1·0324
29°	1·0206	1·0221	1·0236	1·0251	1·0266
30°	1·0146	1·0161	1·0176	1·0190	1·0205
31°	1·0084	1·0099	1·0114	1·0129	1·0143
32°	1·0023	1·0038	1·0053	1·0068	1·0082
33°	0·9960	0·9974	0·9989	1·0004	1·0018
34°	0·9897	0·9911	0·9926	0·9940	0·9955
35°	0·9831	0·9845	0·9860	0·9875	0·9889
t	b 716	717	718	719	720 mm

Stickstoffgewichte

t	b 721	722	723	724	725 mm
5°	1·1545	1·1561	1·1577	1·1593	1·1609
6°	1·1495	1·1511	1·1527	1·1544	1·1559
7°	1·1446	1·1462	1·1478	1·1494	1·1510
8°	1·1397	1·1413	1·1429	1·1445	1·1461
9°	1·1349	1·1365	1·1381	1·1397	1·1413
10°	1·1299	1·1315	1·1331	1·1347	1·1363
11°	1·1248	1·1264	1·1280	1·1296	1·1312
12°	1·1199	1·1215	1·1231	1·1246	1·1262
13°	1·1149	1·1165	1·1181	1·1196	1·1212
14°	1·1098	1·1113	1·1129	1·1144	1·1160
15°	1·1047	1·1062	1·1078	1·1093	1·1109
16°	1·0996	1·1011	1·1027	1·1042	1·1058
17°	1·0944	1·0960	1·0975	1·0990	1·1006
18°	1·0892	1·0908	1·0923	1·0939	1·0954
19°	1·0840	1·0855	1·0871	1·0886	1·0901
20°	1·0786	1·0801	1·0816	1·0832	1·0847
21°	1·0732	1·0747	1·0763	1·0778	1·0793
22°	1·0679	1·0694	1·0709	1·0725	1·0740
23°	1·0623	1·0638	1·0653	1·0669	1·0684
24°	1·0568	1·0582	1·0598	1·0613	1·0628
25°	1·0512	1·0528	1·0543	1·0558	1·0573
26°	1·0455	1·0470	1·0485	1·0500	1·0515
27°	1·0397	1·0412	1·0427	1·0442	1·0457
28°	1·0339	1·0354	1·0369	1·0384	1·0399
29°	1·0281	1·0295	1·0310	1·0325	1·0340
30°	1·0220	1·0235	1·0250	1·0265	1·0280
31°	1·0158	1·0173	1·0188	1·0203	1·0217
32°	1·0097	1·0112	1·0127	1·0141	1·0156
33°	1·0033	1·0048	1·0062	1·0077	1·0092
34°	0·9970	0·9984	0·9999	1·0013	1·0028
35°	0·9904	0·9918	0·9933	0·9947	0·9962
t	b 721	722	723	724	725 mm

Stickstoffgewichte

t	b 726	727	728	729	730 mm
5°	1·1625	1·1642	1·1658	1·1674	1·1690
6°	1·1576	1·1592	1·1608	1·1624	1·1640
7°	1·1526	1·1542	1·1558	1·1574	1·1591
8°	1·1477	1·1493	1·1509	1·1525	1·1541
9°	1·1427	1·1444	1·1461	1·1476	1·1492
10°	1·1378	1·1394	1·1410	1·1426	1·1442
11°	1·1327	1·1343	1·1359	1·1375	1·1391
12°	1·1278	1·1294	1·1309	1·1325	1·1341
13°	1·1228	1·1243	1·1259	1·1275	1·1291
14°	1·1176	1·1192	1·1207	1·1223	1·1238
15°	1·1125	1·1140	1·1156	1·1171	1·1187
16°	1·1073	1·1089	1·1105	1·1120	1·1136
17°	1·1022	1·1037	1·1052	1·1068	1·1083
18°	1·0970	1·0985	1·1001	1·1016	1·1031
19°	1·0917	1·0932	1·0947	1·0963	1·0978
20°	1·0862	1·0878	1·0893	1·0908	1·0924
21°	1·0809	1·0824	1·0839	1·0854	1·0870
22°	1·0755	1·0770	1·0786	1·0801	1·0816
23°	1·0699	1·0714	1·0729	1·0744	1·0760
24°	1·0643	1·0658	1·0673	1·0689	1·0704
25°	1·0588	1·0603	1·0618	1·0633	1·0648
26°	1·0530	1·0545	1·0560	1·0575	1·0590
27°	1·0472	1·0487	1·0502	1·0517	1·0532
28°	1·0413	1·0429	1·0443	1·0458	1·0473
29°	1·0355	1·0370	1·0385	1·0400	1·0415
30°	1·0294	1·0309	1·0324	1·0339	1·0354
31°	1·0232	1·0247	1·0261	1·0276	1·0291
32°	1·0171	1·0185	1·0200	1·0215	1·0230
33°	1·0107	1·0121	1·0136	1·0150	1·0165
34°	1·0043	1·0057	1·0072	1·0087	1·0101
35°	0·9977	0·9991	1·0006	1·0020	1·0035
t	b 726	727	728	729	730 mm

Stickstoffgewichte

t	b 731	732	733	734	735 mm
5°	1·1706	1·1722	1·1739	1·1755	1·1771
6°	1·1656	1·1672	1·1689	1·1704	1·1721
7°	1·1606	1·1622	1·1639	1·1655	1·1671
8°	1·1557	1·1573	1·1589	1·1605	1·1621
9°	1·1508	1·1524	1·1540	1·1556	1·1572
10°	1·1458	1·1474	1·1490	1·1506	1·1522
11°	1·1406	1·1422	1·1438	1·1454	1·1470
12°	1·1357	1·1373	1·1388	1·1404	1·1420
13°	1·1306	1·1322	1·1338	1·1353	1·1369
14°	1·1254	1·1270	1·1286	1·1301	1·1317
15°	1·1203	1·1218	1·1234	1·1249	1·1265
16°	1·1151	1·1167	1·1182	1·1198	1·1213
17°	1·1099	1·1114	1·1130	1·1145	1·1161
18°	1·1047	1·1062	1·1077	1·1093	1·1108
19°	1·0993	1·1009	1·1024	1·1039	1·1055
20°	1·0939	1·0954	1·0970	1·0985	1·1000
21°	1·0885	1·0900	1·0916	1·0931	1·0946
22°	1·0831	1·0846	1·0862	1·0877	1·0892
23°	1·0775	1·0790	1·0805	1·0820	1·0836
24°	1·0719	1·0734	1·0749	1·0764	1·0779
25°	1·0663	1·0678	1·0693	1·0708	1·0723
26°	1·0605	1·0620	1·0635	1·0650	1·0665
27°	1·0547	1·0562	1·0577	1·0592	1·0607
28°	1·0488	1·0503	1·0518	1·0533	1·0548
29°	1·0430	1·0444	1·0459	1·0474	1·0489
30°	1·0368	1·0383	1·0398	1·0413	1·0428
31°	1·0306	1·0321	1·0335	1·0350	1·0365
32°	1·0244	1·0259	1·0274	1·0288	1·0303
33°	1·0180	1·0194	1·0209	1·0224	1·0239
34°	1·0116	1·0130	1·0145	1·0160	1·0174
35°	1·0050	1·0064	1·0079	1·0093	1·0108
t	b 731	732	733	734	735 mm

Stickstoffgewichte

t	b 736	737	738	739	740 mm
5°	1·1787	1·1803	1·1819	1·1836	1·1852
6°	1·1737	1·1753	1·1769	1·1785	1·1801
7°	1·1687	1·1703	1·1719	1·1735	1·1751
8°	1·1637	1·1653	1·1669	1·1685	1·1701
9°	1·1588	1·1604	1·1620	1·1636	1·1651
10°	1·1537	1·1553	1·1569	1·1585	1·1601
11°	1·1486	1·1501	1·1517	1·1533	1·1549
12°	1·1436	1·1451	1·1467	1·1483	1·1498
13°	1·1385	1·1401	1·1416	1·1432	1·1447
14°	1·1332	1·1348	1·1364	1·1379	1·1395
15°	1·1281	1·1296	1·1312	1·1327	1·1343
16°	1·1229	1·1244	1·1260	1·1276	1·1291
17°	1·1176	1·1192	1·1207	1·1223	1·1238
18°	1·1124	1·1139	1·1155	1·1170	1·1186
19°	1·1070	1·1086	1·1101	1·1117	1·1132
20°	1·1016	1·1031	1·1046	1·1062	1·1077
21°	1·0961	1·0977	1·0992	1·1007	1·1023
22°	1·0907	1·0923	1·0938	1·0953	1·0968
23°	1·0851	1·0866	1·0881	1·0896	1·0912
24°	1·0795	1·0809	1·0825	1·0840	1·0855
25°	1·0739	1·0754	1·0769	1·0784	1·0799
26°	1·0680	1·0695	1·0710	1·0725	1·0740
27°	1·0622	1·0637	1·0652	1·0667	1·0682
28°	1·0563	1·0577	1·0592	1·0607	1·0622
29°	1·0504	1·0519	1·0534	1·0549	1·0563
30°	1·0442	1·0457	1·0472	1·0487	1·0502
31°	1·0380	1·0395	1·0409	1·0424	1·0439
32°	1·0318	1·0333	1·0347	1·0362	1·0377
33°	1·0253	1·0268	1·0283	1·0297	1·0312
34°	1·0189	1·0203	1·0218	1·0233	1·0248
35°	1·0122	1·0137	1·0151	1·0166	1·0181
t	b 736	737	738	739	740 mm

t	b 741	742	743	744	745 mm
5°	1·1868	1·1884	1·1900	1·1916	1·1933
6°	1·1817	1·1834	1·1849	1·1866	1·1882
7°	1·1767	1·1783	1·1799	1·1815	1·1831
8°	1·1717	1·1733	1·1749	1·1765	1·1781
9°	1·1668	1·1684	1·1699	1·1715	1·1731
10°	1·1617	1·1632	1·1648	1·1664	1·1680
11°	1·1565	1·1580	1·1596	1·1612	1·1628
12°	1·1514	1·1530	1·1546	1·1562	1·1577
13°	1·1463	1·1479	1·1494	1·1510	1·1526
14°	1·1411	1·1426	1·1442	1·1458	1·1473
15°	1·1358	1·1374	1·1390	1·1405	1·1421
16°	1·1307	1·1322	1·1338	1·1353	1·1369
17°	1·1254	1·1269	1·1285	1·1300	1·1316
18°	1·1201	1·1217	1·1232	1·1247	1·1263
19°	1·1147	1·1163	1·1178	1·1193	1·1209
20°	1·1092	1·1108	1·1123	1·1138	1·1154
21°	1·1038	1·1053	1·1068	1·1084	1·1099
22°	1·0984	1·0999	1·1014	1·1029	1·1044
23°	1·0927	1·0942	1·0957	1·0972	1·0987
24°	1·0870	1·0885	1·0900	1·0916	1·0931
25°	1·0814	1·0829	1·0844	1·0859	1·0874
26°	1·0755	1·0770	1·0785	1·0800	1·0815
27°	1·0697	1·0712	1·0727	1·0742	1·0757
28°	1·0637	1·0652	1·0667	1·0682	1·0697
29°	1·0578	1·0593	1·0608	1·0623	1·0638
30°	1·0516	1·0531	1·0546	1·0561	1·0576
31°	1·0454	1·0468	1·0483	1·0498	1·0513
32°	1·0391	1·0406	1·0421	1·0436	1·0450
33°	1·0327	1·0341	1·0356	1·0370	1·0385
34°	1·0262	1·0277	1·0291	1·0306	1·0321
35°	1·0195	1·0210	1·0224	1·0239	1·0254
t	b 741	742	743	744	745 mm

Stickstoffgewichte

t	*b* 746	747	748	749	750 mm
5°	1·1949	1·1965	1·1981	1·1997	1·2013
6°	1·1898	1·1914	1·1930	1·1946	1·1962
7°	1·1847	1·1863	1·1879	1·1895	1·1911
8°	1·1797	1·1813	1·1829	1·1845	1·1861
9°	1·1747	1·1763	1·1779	1·1795	1·1811
10°	1·1696	1·1712	1·1728	1·1744	1·1759
11°	1·1644	1·1659	1·1675	1·1691	1·1707
12°	1·1593	1·1609	1·1625	1·1641	1·1656
13°	1·1542	1·1557	1·1573	1·1589	1·1605
14°	1·1489	1·1504	1·1520	1·1536	1·1552
15°	1·1436	1·1452	1·1468	1·1483	1·1499
16°	1·1384	1·1400	1·1415	1·1431	1·1446
17°	1·1331	1·1347	1·1362	1·1378	1·1393
18°	1·1278	1·1294	1·1309	1·1324	1·1340
19°	1·1224	1·1239	1·1255	1·1271	1·1286
20°	1·1169	1·1184	1·1199	1·1215	1·1230
21°	1·1114	1·1129	1·1145	1·1160	1·1175
22°	1·1060	1·1075	1·1090	1·1105	1·1121
23°	1·1003	1·1018	1·1033	1·1048	1·1063
24°	1·0946	1·0961	1·0976	1·0991	1·1006
25°	1·0889	1·0904	1·0920	1·0935	1·0950
26°	1·0830	1·0845	1·0860	1·0875	1·0890
27°	1·0772	1·0787	1·0802	1·0817	1·0832
28°	1·0712	1·0727	1·0742	1·0757	1·0772
29°	1·0652	1·0668	1·0682	1·0697	1·0712
30°	1·0590	1·0605	1·0620	1·0635	1·0650
31°	1·0528	1·0542	1·0557	1·0572	1·0587
32°	1·0465	1·0480	1·0495	1·0510	1·0524
33°	1·0400	1·0415	1·0430	1·0444	1·0459
34°	1·0335	1·0350	1·0365	1·0379	1·0394
35°	1·0268	1·0283	1·0297	1·0312	1·0327
t	*b* 746	747	748	749	750 mm

Stickstoffgewichte

t	b 751	752	753	754	755 mm
5°	1·2029	1·2046	1·2062	1·2078	1·2094
6°	1·1978	1·1994	1·2011	1·2026	1·2043
7°	1·1927	1·1943	1·1959	1·1975	1·1991
8°	1·1877	1·1893	1·1909	1·1925	1·1941
9°	1·1827	1·1843	1·1859	1·1875	1·1891
10°	1·1775	1·1791	1·1807	1·1823	1·1839
11°	1·1723	1·1738	1·1754	1·1770	1·1786
12°	1·1672	1·1688	1·1703	1·1719	1·1735
13°	1·1620	1·1636	1·1652	1·1667	1·1683
14°	1·1567	1·1583	1·1598	1·1614	1·1630
15°	1·1514	1·1530	1·1546	1·1561	1·1577
16°	1·1462	1·1478	1·1493	1·1509	1·1524
17°	1·1408	1·1424	1·1439	1·1455	1·1471
18°	1·1355	1·1371	1·1386	1·1402	1·1417
19°	1·1301	1·1316	1·1332	1·1347	1·1363
20°	1·1246	1·1261	1·1276	1·1292	1·1307
21°	1·1191	1·1206	1·1221	1·1236	1·1252
22°	1·1135	1·1151	1·1166	1·1181	1·1196
23°	1·1078	1·1094	1·1109	1·1124	1·1139
24°	1·1021	1·1036	1·1052	1·1066	1·1082
25°	1·0965	1·0980	1·0995	1·1010	1·1025
26°	1·0905	1·0920	1·0935	1·0951	1·0965
27°	1·0847	1·0862	1·0877	1·0891	1·0906
28°	1·0787	1·0801	1·0816	1·0831	1·0846
29°	1·0727	1·0742	1·0757	1·0772	1·0787
30°	1·0665	1·0680	1·0695	1·0709	1·0724
31°	1·0601	1·0616	1·0631	1·0646	1·0661
32°	1·0539	1·0554	1·0568	1·0583	1·0598
33°	1·0473	1·0488	1·0503	1·0517	1·0532
34°	1·0408	1·0423	1·0438	1·0452	1·0467
35°	1·0341	1·0356	1·0370	1·0385	1·0400
t	b 751	752	753	754	755 mm

Stickstoffgewichte

t	b 756	757	758	759	760 mm
5°	1·2110	1·2126	1·2143	1·2159	1·2175
6°	1·2059	1·2075	1·2091	1·2107	1·2123
7°	1·2008	1·2024	1·2039	1·2056	1·2072
8°	1·1957	1·1973	1·1989	1·2005	1·2021
9°	1·1906	1·1922	1·1938	1·1954	1·1970
10°	1·1855	1·1871	1·1886	1·1902	1·1918
11°	1·1802	1·1818	1·1834	1·1849	1·1865
12°	1·1751	1·1766	1·1782	1·1798	1·1814
13°	1·1699	1·1714	1·1730	1·1746	1·1761
14°	1·1645	1·1661	1·1677	1·1692	1·1708
15°	1·1592	1·1608	1·1624	1·1639	1·1655
16°	1·1540	1·1555	1·1571	1·1586	1·1602
17°	1·1486	1·1501	1·1517	1·1532	1·1548
18°	1·1432	1·1448	1·1463	1·1479	1·1494
19°	1·1378	1·1393	1·1409	1·1424	1·1439
20°	1·1322	1·1338	1·1353	1·1368	1·1383
21°	1·1267	1·1282	1·1297	1·1313	1·1328
22°	1·1212	1·1227	1·1242	1·1257	1·1273
23°	1·1154	1·1169	1·1185	1·1200	1·1215
24°	1·1097	1·1112	1·1127	1·1142	1·1157
25°	1·1040	1·1055	1·1070	1·1085	1·1100
26°	1·0981	1·0995	1·1010	1·1026	1·1041
27°	1·0922	1·0936	1·0951	1·0966	1·0981
28°	1·0861	1·0876	1·0891	1·0906	1·0921
29°	1·0801	1·0816	1·0831	1·0846	1·0861
30°	1·0739	1·0754	1·0769	1·0783	1·0798
31°	1·0675	1·0690	1·0705	1·0720	1·0735
32°	1·0612	1·0627	1·0642	1·0657	1·0671
33°	1·0547	1·0561	1·0576	1·0591	1·0605
34°	1·0482	1·0496	1·0511	1·0525	1·0540
35°	1·0414	1·0429	1·0443	1·0458	1·0472
t	b 756	757	758	759	760 mm

Stickstoffgewichte

t	b 761	762	763	764	765 mm
5°	1·2191	1·2207	1·2223	1·2239	1·2256
6°	1·2139	1·2155	1·2171	1·2188	1·2204
7°	1·2088	1·2104	1·2120	1·2136	1·2152
8°	1·2036	1·2053	1·2069	1·2084	1·2101
9°	1·1986	1·2002	1·2018	1·2034	1·2050
10°	1·1934	1·1950	1·1966	1·1982	1·1998
11°	1·1881	1·1896	1·1912	1·1928	1·1944
12°	1·1830	1·1845	1·1861	1·1877	1·1893
13°	1·1777	1·1793	1·1809	1·1824	1·1840
14°	1·1724	1·1739	1·1755	1·1771	1·1786
15°	1·1671	1·1686	1·1701	1·1717	1·1733
16°	1·1617	1·1633	1·1648	1·1664	1·1680
17°	1·1564	1·1579	1·1594	1·1610	1·1625
18°	1·1509	1·1525	1·1541	1·1556	1·1572
19°	1·1455	1·1470	1·1486	1·1501	1·1516
20°	1·1399	1·1414	1·1429	1·1445	1·1460
21°	1·1343	1·1358	1·1374	1·1389	1·1404
22°	1·1288	1·1303	1·1318	1·1334	1·1349
23°	1·1230	1·1245	1·1260	1·1276	1·1291
24°	1·1173	1·1187	1·1203	1·1218	1·1233
25°	1·1115	1·1130	1·1146	1·1161	1·1176
26°	1·1056	1·1071	1·1086	1·1101	1·1116
27°	1·0996	1·1011	1·1026	1·1041	1·1056
28°	1·0936	1·0951	1·0966	1·0981	1·0995
29°	1·0876	1·0891	1·0905	1·0920	1·0935
30°	1·0813	1·0828	1·0843	1·0858	1·0872
31°	1·0749	1·0764	1·0779	1·0794	1·0808
32°	1·0686	1·0701	1·0716	1·0730	1·0745
33°	1·0620	1·0635	1·0650	1·0664	1·0679
34°	1·0555	1·0570	1·0584	1·0599	1·0613
35°	1·0487	1·0501	1·0516	1·0531	1·0545
t	b 761	762	763	764	765 mm

Stickstoffgewichte

t	*b* 766	767	768	769	770 mm
5°	1·2272	1·2288	1·2304	1·2320	1·2336
6°	1·2220	1·2236	1·2252	1·2268	1·2284
7°	1·2168	1·2184	1·2200	1·2216	1·2232
8°	1·2117	1·2133	1·2148	1·2164	1·2180
9°	1·2066	1·2082	1·2098	1·2114	1·2129
10°	1·2014	1·2029	1·2045	1·2061	1·2077
11°	1·1960	1·1976	1·1991	1·2008	1·2023
12°	1·1908	1·1924	1·1940	1·1956	1·1971
13°	1·1856	1·1871	1·1887	1·1903	1·1918
14°	1·1802	1·1817	1·1833	1·1849	1·1865
15°	1·1748	1·1764	1·1779	1·1795	1·1811
16°	1·1695	1·1711	1·1726	1·1742	1·1757
17°	1·1641	1·1656	1·1672	1·1688	1·1703
18°	1·1587	1·1602	1·1618	1·1633	1·1648
19°	1·1532	1·1547	1·1562	1·1578	1·1593
20°	1·1476	1·1491	1·1506	1·1522	1·1537
21°	1·1419	1·1435	1·1450	1·1466	1·1481
22°	1·1364	1·1379	1·1394	1·1409	1·1425
23°	1·1306	1·1321	1·1336	1·1351	1·1367
24°	1·1248	1·1263	1·1278	1·1293	1·1309
25°	1·1191	1·1206	1·1221	1·1236	1·1251
26°	1·1131	1·1146	1·1161	1·1176	1·1191
27°	1·1071	1·1086	1·1101	1·1116	1·1131
28°	1·1010	1·1025	1·1040	1·1055	1·1070
29°	1·0950	1·0965	1·0980	1·0995	1·1010
30°	1·0887	1·0902	1·0917	1·0932	1·0946
31°	1·0823	1·0838	1·0853	1·0867	1·0882
32°	1·0760	1·0774	1·0789	1·0804	1·0819
33°	1·0694	1·0708	1·0723	1·0738	1·0752
34°	1·0628	1·0642	1·0657	1·0672	1·0686
35°	1·0560	1·0575	1·0589	1·0603	1·0618
t	*b* 766	767	768	769	770 mm

Stickstoffgewichte

t	b 771	772	773	774	775 mm
5°	1·2353	1·2369	1·2385	1·2401	1·2417
6°	1·2300	1·2316	1·2333	1·2349	1·2365
7°	1·2248	1·2264	1·2280	1·2296	1·2312
8°	1·2196	1·2212	1·2228	1·2244	1·2261
9°	1·2145	1·2161	1·2177	1·2193	1·2209
10°	1·2093	1·2109	1·2125	1·2140	1·2156
11°	1·2039	1·2055	1·2071	1·2086	1·2102
12°	1·1987	1·2003	1·2019	1·2034	1·2050
13°	1·1934	1·1950	1·1966	1·1981	1·1997
14°	1·1880	1·1896	1·1911	1·1927	1·1943
15°	1·1826	1·1842	1·1858	1·1873	1·1889
16°	1·1773	1·1789	1·1804	1·1819	1·1835
17°	1·1718	1·1734	1·1749	1·1765	1·1780
18°	1·1664	1·1679	1·1695	1·1710	1·1726
19°	1·1609	1·1624	1·1639	1·1655	1·1670
20°	1·1552	1·1568	1·1583	1·1598	1·1613
21°	1·1496	1·1511	1·1527	1·1542	1·1557
22°	1·1440	1·1455	1·1471	1·1486	1·1501
23°	1·1382	1·1397	1·1412	1·1427	1·1442
24°	1·1324	1·1339	1·1354	1·1369	1·1384
25°	1·1266	1·1281	1·1296	1·1311	1·1326
26°	1·1206	1·1221	1·1236	1·1251	1·1266
27°	1·1146	1·1161	1·1176	1·1191	1·1206
28°	1·1085	1·1100	1·1115	1·1130	1·1144
29°	1·1024	1·1039	1·1054	1·1069	1·1084
30°	1·0961	1·0976	1·0991	1·1006	1·1021
31°	1·0897	1·0912	1·0927	1·0941	1·0956
32°	1·0833	1·0848	1·0863	1·0878	1·0892
33°	1·0767	1·0782	1·0796	1·0811	1·0826
34°	1·0701	1·0716	1·0730	1·0745	1·0760
35°	1·0633	1·0647	1·0662	1·0677	1·0691
t	b 771	772	773	774	775 mm

Stickstoffgewichte

t	*b* 776	777	778	779	780 mm
5°	1·2433	1·2449	1·2466	1·2482	1·2497
6°	1·2381	1·2397	1·2413	1·2429	1·2445
7°	1·2328	1·2344	1·2360	1·2377	1·2393
8°	1·2276	1·2293	1·2308	1·2324	1·2340
9°	1·2225	1·2241	1·2257	1·2273	1·2289
10°	1·2172	1·2188	1·2204	1·2220	1·2236
11°	1·2118	1·2134	1·2149	1·2166	1·2181
12°	1·2066	1·2082	1·2097	1·2113	1·2129
13°	1·2013	1·2028	1·2044	1·2060	1·2076
14°	1·1958	1·1974	1·1990	1·2005	1·2021
15°	1·1904	1·1920	1·1936	1·1951	1·1967
16°	1·1851	1·1866	1·1882	1·1897	1·1913
17°	1·1796	1·1811	1·1827	1·1842	1·1858
18°	1·1741	1·1756	1·1772	1·1788	1·1803
19°	1·1686	1·1701	1·1716	1·1732	1·1747
20°	1·1629	1·1644	1·1659	1·1675	1·1690
21°	1·1572	1·1588	1·1603	1·1618	1·1634
22°	1·1516	1·1532	1·1547	1·1562	1·1577
23°	1·1458	1·1473	1·1488	1·1503	1·1518
24°	1·1399	1·1414	1·1429	1·1444	1·1460
25°	1·1342	1·1356	1·1372	1·1387	1·1402
26°	1·1281	1·1296	1·1311	1·1326	1·1341
27°	1·1221	1·1236	1·1251	1·1266	1·1281
28°	1·1159	1·1174	1·1189	1·1204	1·1219
29°	1·1099	1·1114	1·1129	1·1143	1·1158
30°	1·1035	1·1050	1·1065	1·1080	1·1095
31°	1·0971	1·0986	1·1000	1·1015	1·1030
32°	1·0907	1·0922	1·0936	1·0951	1·0966
33°	1·0840	1·0855	1·0870	1·0884	1·0899
34°	1·0774	1·0789	1·0803	1·0818	1·0833
35°	1·0706	1·0720	1·0735	1·0750	1·0764
t	*b* 776	777	778	779	780 mm

Zweiter Teil

Logarithmen der Stickstoffgewichte

t	b 691	692	693	694	695 mm
5°	04375	04439	04502	04565	04628
6°	04188	04251	04314	04378	04441
7°	04000	04063	04127	04190	04253
8°	03813	03877	03940	04003	04067
9°	03627	03691	03754	03818	03881
10°	03435	03499	03562	03626	03689
11°	03236	03300	03364	03427	03491
12°	03045	03109	03173	03236	03300
13°	02849	02912	02976	03040	03103
14°	02645	02709	02773	02837	02900
15°	02443	02507	02571	02635	02699
16°	02241	02305	02369	02433	02497
17°	02033	02097	02161	02225	02289
18°	01825	01890	01954	02018	02082
19°	01612	01676	01741	01805	01869
20°	01392	01457	01521	01585	01649
21°	01173	01238	01302	01367	01431
22°	00954	01019	01083	01148	01212
23°	00723	00788	00852	00917	00981
24°	00492	00557	00621	00686	00751
25°	00261	00326	00391	00456	00521
26°	00017	00083	00148	00213	00277
27°	99774	99840	99905	99970	00035
28°	99525	99590	99656	99721	99786
29°	99276	99341	99407	99472	99538
30°	99013	99079	99145	99211	99276
31°	98744	98810	98876	98942	99008
32°	98477	98543	98609	98675	98741
33°	98194	98261	98327	98393	98459
34°	97912	97979	98046	98112	98178
35°	97618	97685	97751	97818	97885
t	b 691	692	693	694	695 mm

Logarithmen der Stickstoffgewichte

t	b 696	697	698	699	700 mm
5°	04691	04754	04817	04880	04943
6°	04504	04567	04630	04693	04755
7°	04316	04379	04442	04505	04568
8°	04130	04193	04256	04319	04382
9°	03944	04007	04070	04133	04196
10°	03752	03816	03879	03942	04005
11°	03554	03617	03680	03744	03806
12°	03363	03426	03490	03553	03616
13°	03167	03230	03293	03357	03420
14°	02964	03027	03091	03154	03217
15°	02762	02826	02889	02952	03016
16°	02560	02624	02687	02751	02814
17°	02353	02417	02480	02544	02607
18°	02146	02209	02273	02337	02400
19°	01933	01997	02060	02124	02188
20°	01713	01777	01841	01905	01969
21°	01495	01559	01623	01687	01751
22°	01276	01341	01405	01469	01532
23°	01046	01110	01174	01238	01302
24°	00815	00880	00944	01008	01072
25°	00585	00650	00714	00779	00843
26°	00342	00407	00472	00536	00600
27°	00100	00165	00230	00294	00359
28°	99851	99916	99981	00046	00110
29°	99603	99668	99733	99798	99863
30°	99341	99407	99472	99537	99602
31°	99073	99139	99204	99269	99335
32°	98806	98872	98938	99003	99069
33°	98525	98591	98657	98723	98788
34°	98244	98311	98377	98442	98508
35°	97951	98017	98084	98150	98216
t	b 696	697	698	699	700 mm

Logarithmen der Stickstoffgewichte

t	b 701	702	703	704	705 mm
5°	05005	05068	05130	05192	05255
6°	04818	04880	04943	05005	05068
7°	04631	04693	04756	04818	04880
8°	04444	04507	04569	04632	04694
9°	04259	04322	04384	04447	04509
10°	04067	04130	04193	04255	04318
11°	03869	03932	03995	04057	04120
12°	03679	03741	03804	03867	03929
13°	03483	03546	03608	03671	03734
14°	03280	03343	03406	03469	03532
15°	03079	03142	03205	03268	03330
16°	02877	02940	03003	03066	03129
17°	02670	02734	02797	02860	02923
18°	02463	02527	02590	02653	02716
19°	02251	02314	02378	02441	02504
20°	02032	02096	02159	02222	02286
21°	01814	01878	01941	02005	02068
22°	01596	01660	01723	01787	01850
23°	01366	01430	01494	01557	01621
24°	01136	01200	01264	01328	01391
25°	00907	00971	01035	01099	01163
26°	00665	00729	00793	00857	00921
27°	00423	00488	00552	00616	00680
28°	00175	00240	00304	00368	00432
29°	99928	99992	00057	00121	00186
30°	99667	99732	99797	99861	99926
31°	99400	99465	99530	99594	99659
32°	99134	99199	99264	99329	99394
33°	98854	98919	98984	99050	99115
34°	98574	98640	98705	98770	98836
35°	98282	98348	98413	98479	98544
t	b 701	702	703	704	705 mm

Logarithmen der Stickstoffgewichte

t	*b* 706	707	708	709	710 mm
5°	05317	05379	05441	05503	05564
6°	05130	05192	05254	05316	05378
7°	04943	05005	05067	05129	05191
8°	04757	04819	04881	04943	05005
9°	04571	04634	04696	04758	04820
10°	04380	04442	04505	04567	04629
11°	04182	04245	04307	04369	04431
12°	03992	04054	04117	04179	04241
13°	03796	03859	03921	03983	04046
14°	03594	03657	03719	03782	03844
15°	03393	03456	03518	03581	03643
16°	03192	03255	03317	03380	03442
17°	02985	03048	03111	03173	03236
18°	02779	02842	02905	02967	03030
19°	02567	02630	02693	02756	02818
20°	02349	02412	02475	02537	02600
21°	02131	02194	02257	02320	02383
22°	01914	01977	02040	02103	02166
23°	01684	01748	01811	01874	01937
24°	01455	01518	01582	01645	01708
25°	01226	01290	01353	01417	01480
26°	00985	01048	01112	01176	01239
27°	00744	00808	00872	00935	00999
28°	00497	00561	00625	00688	00752
29°	00250	00314	00378	00442	00506
30°	99990	00055	00119	00183	00247
31°	99724	99788	99853	99917	99981
32°	99459	99524	99588	99653	99717
33°	99180	99245	99309	99374	99439
34°	98901	98966	99031	99096	99161
35°	98610	98675	98740	98806	98871
t	*b* 706	707	708	709	710 mm

Logarithmen der Stickstoffgewichte

t	*b* 711	712	713	714	715 mm
5°	05626	05688	05749	05811	05872
6°	05439	05501	05562	05624	05685
7°	05252	05314	05376	05437	05499
8°	05067	05128	05190	05251	05313
9°	04882	04943	05005	05067	05128
10°	04691	04752	04814	04876	04937
11°	04493	04555	04617	04679	04740
12°	04303	04365	04427	04489	04550
13°	04108	04170	04232	04293	04355
14°	03906	03968	04030	04092	04154
15°	03705	03767	03829	03891	03953
16°	03504	03567	03629	03691	03753
17°	03298	03361	03423	03485	03547
18°	03092	03155	03217	03279	03341
19°	02881	02943	03006	03068	03130
20°	02663	02725	02788	02850	02913
21°	02446	02509	02571	02634	02696
22°	02229	02292	02354	02417	02479
23°	02000	02063	02126	02189	02251
24°	01771	01834	01897	01960	02023
25°	01543	01606	01669	01732	01795
26°	01302	01366	01429	01492	01555
27°	01062	01126	01189	01252	01315
28°	00816	00879	00943	01006	01069
29°	00570	00634	00697	00761	00824
30°	00311	00375	00439	00502	00566
31°	00045	00109	00173	00237	00301
32°	99781	99846	99910	99974	00038
33°	99503	99568	99632	99696	99760
34°	99226	99290	99355	99419	99484
35°	98936	99000	99065	99130	99194
t	*b* 711	712	713	714	715 mm

Logarithmen der Stickstoffgewichte

t	b 716	717	718	719	720 mm
5°	05933	05994	06055	06116	06177
6°	05747	05808	05869	05930	05991
7°	05560	05621	05682	05743	05804
8°	05374	05436	05497	05558	05619
9°	05190	05251	05312	05373	05434
10°	04999	05060	05121	05183	05244
11°	04802	04863	04925	04986	05047
12°	04612	04673	04735	04796	04857
13°	04417	04478	04540	04601	04662
14°	04215	04277	04339	04400	04461
15°	04015	04077	04138	04200	04261
16°	03815	03876	03938	04000	04061
17°	03609	03671	03733	03794	03856
18°	03403	03465	03527	03589	03650
19°	03192	03254	03316	03378	03440
20°	02975	03037	03099	03161	03223
21°	02758	02821	02883	02945	03007
22°	02542	02604	02666	02729	02791
23°	02314	02376	02439	02501	02563
24°	02085	02148	02210	02273	02335
25°	01858	01921	01983	02046	02108
26°	01618	01681	01743	01806	01868
27°	01378	01441	01504	01567	01630
28°	01133	01196	01259	01322	01384
29°	00887	00951	01014	01077	01140
30°	00629	00693	00756	00819	00882
31°	00365	00428	00492	00555	00618
32°	00102	00165	00229	00293	00356
33°	99824	99888	99952	00016	00080
34°	99548	99612	99676	99740	99804
35°	99259	99323	99388	99452	99516
t	b 716	717	718	719	720 mm

Logarithmen der Stickstoffgewichte

t	b 721	722	723	724	725 mm
5°	06238	06299	06360	06420	06481
6°	06052	06113	06173	06234	06294
7°	05865	05926	05987	06048	06108
8°	05680	05741	05802	05862	05923
9°	05495	05556	05617	05678	05739
10°	05305	05366	05427	05488	05548
11°	05108	05169	05230	05291	05352
12°	04919	04980	05041	05101	05162
13°	04724	04785	04846	04907	04968
14°	04523	04584	04645	04706	04767
15°	04323	04384	04445	04506	04567
16°	04123	04184	04245	04306	04367
17°	03917	03979	04040	04101	04163
18°	03712	03774	03835	03896	03957
19°	03501	03563	03625	03686	03747
20°	03285	03346	03408	03469	03531
21°	03069	03130	03192	03254	03315
22°	02853	02914	02976	03038	03100
23°	02625	02687	02749	02811	02872
24°	02397	02459	02521	02583	02645
25°	02170	02233	02295	02357	02419
26°	01931	01993	02056	02118	02180
27°	01692	01755	01817	01879	01942
28°	01447	01510	01572	01635	01697
29°	01203	01265	01328	01391	01453
30°	00945	01008	01071	01134	01197
31°	00682	00745	00808	00871	00933
32°	00419	00483	00546	00609	00672
33°	00143	00207	00270	00333	00397
34°	99868	99931	99995	00058	00122
35°	99580	99644	99707	99771	99835
t	b 721	722	723	724	725 mm

Logarithmen der Stickstoffgewichte

t	b 726	727	728	729	730 mm
5°	06541	06601	06662	06722	06782
6°	06355	06415	06476	06536	06596
7°	06169	06229	06289	06350	06410
8°	05983	06044	06104	06165	06225
9°	05796	05860	05920	05980	06041
10°	05609	05669	05730	05790	05851
11°	05412	05473	05534	05594	05654
12°	05223	05284	05344	05405	05465
13°	05029	05089	05150	05210	05271
14°	04828	04889	04949	05010	05070
15°	04628	04689	04750	04810	04871
16°	04428	04489	04550	04611	04672
17°	04224	04285	04345	04406	04467
18°	04019	04080	04141	04202	04262
19°	03808	03870	03931	03992	04053
20°	03592	03653	03715	03776	03837
21°	03377	03438	03499	03560	03621
22°	03161	03223	03284	03345	03406
23°	02934	02996	03057	03118	03180
24°	02707	02769	02830	02892	02953
25°	02481	02542	02604	02666	02727
26°	02242	02304	02366	02427	02489
27°	02004	02066	02128	02190	02251
28°	01759	01822	01884	01946	02008
29°	01516	01578	01640	01702	01764
30°	01259	01322	01384	01446	01509
31°	00996	01059	01121	01184	01246
32°	00735	00798	00861	00923	00986
33°	00460	00523	00586	00648	00711
34°	00185	00248	00311	00374	00437
35°	99898	99962	00025	00088	00151
t	b 726	727	728	729	730 mm

Logarithmen der Stickstoffgewichte

t	b 731	732	733	734	735 mm
5°	06842	06902	06962	07021	07081
6°	06656	06716	06776	06835	06895
7°	06470	06530	06590	06650	06709
8°	06285	06345	06405	06465	06524
9°	06101	06161	06221	06281	06341
10°	05911	05971	06031	06091	06151
11°	05715	05775	05835	05895	05955
12°	05525	05586	05646	05706	05766
13°	05331	05392	05452	05512	05572
14°	05131	05191	05252	05312	05372
15°	04932	04992	05052	05113	05173
16°	04732	04793	04853	04913	04974
17°	04528	04588	04649	04709	04769
18°	04323	04384	04444	04505	04565
19°	04113	04174	04235	04295	04356
20°	03897	03958	04019	04080	04140
21°	03682	03743	03804	03865	03926
22°	03467	03528	03589	03650	03711
23°	03241	03302	03363	03424	03485
24°	03014	03076	03137	03198	03259
25°	02789	02850	02911	02972	03033
26°	02550	02612	02673	02735	02796
27°	02313	02375	02436	02498	02559
28°	02069	02131	02193	02254	02316
29°	01826	01888	01950	02012	02073
30°	01571	01633	01695	01757	01818
31°	01309	01371	01433	01495	01557
32°	01048	01111	01173	01235	01297
33°	00774	00836	00899	00961	01024
34°	00500	00563	00626	00688	00751
35°	00215	00277	00340	00403	00466
t	b 731	732	733	734	735 mm

Logarithmen der Stickstoffgewichte

t	*b* 736	737	738	739	740 mm
5°	07141	07200	07259	07319	07378
6°	06955	07014	07074	07133	07192
7°	06769	06829	06888	06947	07007
8°	06584	06644	06703	06763	06822
9°	06400	06460	06520	06579	06638
10°	06210	06270	06330	06389	06449
11°	06015	06074	06134	06194	06253
12°	05826	05886	05945	06005	06064
13°	05632	05692	05751	05811	05871
14°	05432	05492	05552	05611	05671
15°	05233	05293	05353	05413	05472
16°	05034	05094	05154	05214	05274
17°	04830	04890	04950	05010	05070
18°	04625	04686	04746	04806	04866
19°	04416	04476	04537	04597	04657
20°	04201	04261	04321	04382	04442
21°	03986	04047	04107	04167	04228
22°	03772	03832	03893	03953	04013
23°	03546	03606	03667	03727	03788
24°	03320	03380	03441	03502	03562
25°	03094	03155	03216	03277	03338
26°	02857	02918	02979	03040	03101
27°	02620	02681	02742	02803	02864
28°	02377	02438	02500	02561	02622
29°	02135	02196	02258	02319	02380
30°	01880	01942	02003	02065	02126
31°	01619	01681	01742	01804	01865
32°	01359	01421	01483	01545	01606
33°	01086	01148	01210	01272	01334
34°	00813	00875	00938	01000	01062
35°	00528	00591	00653	00716	00778
t	*b* 736	737	738	739	740 mm

Logarithmen der Stickstoffgewichte

t	b 741	742	743	744	745 mm
5⁰	07437	07496	07555	07614	07673
6⁰	07252	07311	07370	07429	07488
7⁰	07066	07125	07184	07243	07302
8⁰	06881	06941	07000	07059	07118
9⁰	06698	06757	06816	06875	06934
10⁰	06508	06567	06627	06686	06745
11⁰	06313	06372	06431	06490	06550
12⁰	06124	06183	06243	06302	06361
13⁰	05930	05990	06049	06108	06168
14⁰	05731	05790	05850	05909	05968
15⁰	05532	05592	05651	05711	05770
16⁰	05333	05393	05453	05512	05571
17⁰	05130	05189	05249	05308	05368
18⁰	04926	04986	05045	05105	05164
19⁰	04717	04777	04837	04896	04956
20⁰	04502	04562	04622	04682	04741
21⁰	04288	04348	04408	04468	04528
22⁰	04074	04134	04194	04254	04314
23⁰	03848	03909	03969	04029	04089
24⁰	03623	03683	03743	03804	03864
25⁰	03398	03459	03519	03579	03640
26⁰	03161	03222	03282	03343	03403
27⁰	02925	02986	03047	03107	03168
28⁰	02683	02744	02805	02865	02926
29⁰	02441	02502	02563	02624	02685
30⁰	02187	02248	02309	02370	02431
31⁰	01927	01988	02049	02111	02172
32⁰	01668	01730	01791	01852	01913
33⁰	01396	01457	01519	01580	01642
34⁰	01124	01186	01247	01309	01371
35⁰	00840	00902	00964	01026	01088
t	b 741	742	743	744	745 mm

Logarithmen der Stickstoffgewichte

t	*b* 746	747	748	749	750 mm
5°	07732	07791	07849	07908	07966
6°	07546	07605	07664	07722	07781
7°	07361	07420	07479	07537	07596
8°	07177	07235	07294	07353	07411
9°	06993	07052	07111	07170	07228
10°	06804	06863	06922	06980	07039
11°	06609	06668	06726	06785	06844
12°	06420	06479	06538	06597	06656
13°	06227	06286	06345	06404	06463
14°	06028	06087	06146	06205	06264
15°	05829	05888	05947	06006	06065
16°	05631	05690	05749	05808	05867
17°	05427	05487	05546	05605	05664
18°	05224	05283	05343	05402	05461
19°	05015	05075	05134	05194	05253
20°	04801	04860	04920	04979	05039
21°	04587	04647	04707	04766	04825
22°	04374	04433	04493	04553	04612
23°	04149	04209	04268	04328	04388
24°	03924	03984	04044	04103	04163
25°	03700	03760	03820	03880	03940
26°	03464	03524	03584	03644	03704
27°	03228	03288	03349	03409	03469
28°	02986	03047	03107	03168	03228
29°	02745	02806	02867	02927	02987
30°	02492	02553	02614	02674	02735
31°	02233	02293	02354	02415	02476
32°	01975	02036	02097	02158	02218
33°	01703	01764	01826	01887	01948
34°	01432	01494	01555	01616	01677
35°	01150	01211	01273	01334	01396
t	*b* 746	747	748	749	750 mm

Logarithmen der Stickstoffgewichte

t	b 751	752	753	754	755 mm
5°	08024	08083	08141	08199	08257
6°	07839	07898	07956	08014	08072
7°	07654	07712	07771	07829	07887
8°	07470	07528	07587	07645	07703
9°	07287	07345	07403	07462	07520
10°	07098	07156	07214	07273	07331
11°	06903	06961	07020	07078	07136
12°	06714	06773	06831	06890	06948
13°	06521	06580	06639	06697	06755
14°	06322	06381	06440	06498	06557
15°	06124	06183	06242	06300	06359
16°	05926	05985	06044	06103	06161
17°	05723	05782	05841	05900	05958
18°	05520	05579	05638	05697	05756
19°	05312	05371	05430	05489	05548
20°	05098	05157	05216	05275	05334
21°	04885	04944	05003	05062	05121
22°	04671	04731	04790	04849	04908
23°	04447	04507	04566	04625	04685
24°	04223	04282	04342	04401	04461
25°	03999	04059	04119	04178	04237
26°	03764	03823	03883	03943	04002
27°	03529	03589	03649	03708	03768
28°	03288	03348	03408	03468	03527
29°	03048	03108	03168	03228	03288
30°	02795	02855	02916	02976	03036
31°	02536	02597	02657	02717	02778
32°	02279	02340	02400	02461	02521
33°	02008	02069	02130	02191	02251
34°	01738	01799	01860	01921	01982
35°	01457	01518	01579	01640	01701
t	b 751	752	753	754	755 mm

Logarithmen der Stickstoffgewichte

t	b 756	757	758	759	760 mm
5°	08315	08373	08431	08489	08546
6°	08130	08188	08246	08304	08361
7°	07945	08003	08061	08119	08177
8°	07761	07819	07877	07935	07993
9°	07578	07636	07694	07752	07810
10°	07389	07447	07505	07563	07621
11°	07195	07253	07311	07369	07427
12°	07007	07065	07123	07181	07239
13°	06814	06872	06930	06988	07046
14°	06615	06673	06732	06790	06848
15°	06417	06476	06534	06592	06650
16°	06220	06278	06336	06395	06453
17°	06017	06075	06134	06192	06251
18°	05814	05873	05931	05990	06048
19°	05607	05665	05724	05782	05841
20°	05393	05452	05510	05569	05627
21°	05180	05239	05298	05357	05415
22°	04967	05026	05085	05144	05203
23°	04744	04803	04862	04921	04979
24°	04520	04579	04638	04697	04756
25°	04297	04356	04415	04474	04533
26°	04062	04121	04180	04240	04299
27°	03828	03887	03946	04006	04065
28°	03587	03647	03706	03766	03825
29°	03348	03407	03467	03527	03586
30°	03096	03156	03216	03275	03335
31°	02838	02898	02958	03018	03078
32°	02581	02642	02702	02762	02822
33°	02312	02372	02432	02493	02553
34°	02043	02103	02164	02224	02284
35°	01762	01823	01883	01944	02005
t	b 756	757	758	759	760 mm

Logarithmen der Stickstoffgewichte

t	b 761	762	763	764	765 mm
5°	08604	08661	08719	08776	08834
6°	08419	08477	08534	08592	08649
7°	08234	08292	08349	08407	08464
8°	08050	08108	08166	08223	08281
9°	07868	07925	07983	08040	08098
10°	07679	07737	07794	07852	07909
11°	07485	07542	07600	07658	07715
12°	07297	07355	07412	07470	07528
13°	07104	07162	07220	07278	07335
14°	06906	06964	07022	07080	07137
15°	06709	06767	06824	06882	06940
16°	06511	06569	06627	06685	06743
17°	06309	06367	06425	06483	06541
18°	06106	06165	06223	06281	06339
19°	05899	05957	06016	06074	06132
20°	05686	05744	05803	05861	05919
21°	05474	05532	05590	05649	05707
22°	05261	05320	05378	05437	05495
23°	05038	05097	05155	05214	05272
24°	04815	04873	04932	04991	05049
25°	04592	04651	04710	04769	04827
26°	04358	04417	04476	04534	04593
27°	04124	04183	04242	04301	04360
28°	03884	03944	04003	04062	04121
29°	03646	03705	03764	03823	03882
30°	03395	03454	03513	03573	03632
31°	03137	03197	03256	03316	03375
32°	02882	02942	03001	03061	03120
33°	02613	02673	02733	02793	02852
34°	02345	02405	02465	02525	02585
35°	02065	02125	02186	02246	02306
t	b 761	762	763	764	765 mm

Logarithmen der Stickstoffgewichte

t	b 766	767	768	769	770 mm
5°	08891	08948	09005	09062	09119
6°	08706	08763	08820	08877	08934
7°	08522	08579	08636	08693	08750
8°	08338	08395	08452	08509	08566
9°	08155	08213	08270	08327	08384
10°	07967	08024	08081	08139	08196
11°	07773	07830	07887	07945	08002
12°	07585	07643	07700	07757	07814
13°	07393	07450	07508	07565	07622
14°	07195	07252	07310	07367	07425
15°	06998	07055	07113	07170	07228
16°	06801	06858	06916	06973	07031
17°	06599	06656	06714	06772	06829
18°	06397	06454	06512	06570	06627
19°	06190	06248	06305	06363	06421
20°	05977	06035	06093	06151	06208
21°	05765	05823	05881	05939	05997
22°	05553	05611	05669	05727	05785
23°	05330	05389	05447	05505	05563
24°	05108	05166	05224	05282	05341
25°	04886	04944	05002	05061	05119
26°	04652	04710	04769	04827	04886
27°	04419	04478	04536	04595	04653
28°	04180	04239	04297	04356	04415
29°	03941	04000	04059	04118	04177
30°	03691	03750	03809	03868	03927
31°	03435	03494	03553	03612	03671
32°	03180	03239	03299	03358	03417
33°	02912	02971	03031	03090	03150
34°	02645	02704	02764	02824	02883
35°	02366	02426	02486	02545	02605
t	b 766	767	768	769	770 mm

Logarithmen der Stickstoffgewichte

t	b 771	772	773	774	775 mm
5°	09176	09233	09289	09346	09402
6°	08991	09048	09105	09162	09218
7°	08807	08864	08921	08977	09034
8°	08623	08680	08737	08794	08851
9°	08441	08498	08555	08612	08668
10°	08253	08310	08367	08423	08480
11°	08059	08116	08173	08230	08286
12°	07872	07929	07986	08043	08099
13°	07680	07737	07794	07851	07908
14°	07482	07539	07596	07653	07710
15°	07285	07342	07399	07457	07514
16°	07088	07146	07203	07260	07317
17°	06887	06944	07001	07058	07116
18°	06685	06742	06800	06857	06914
19°	06478	06536	06593	06651	06708
20°	06266	06324	06381	06439	06496
21°	06055	06112	06170	06227	06285
22°	05843	05901	05959	06016	06074
23°	05621	05679	05737	05794	05852
24°	05399	05457	05514	05572	05630
25°	05177	05235	05293	05351	05409
26°	04944	05002	05060	05118	05176
27°	04711	04770	04828	04886	04944
28°	04473	04531	04590	04648	04706
29°	04235	04294	04352	04411	04469
30°	03986	04045	04103	04162	04220
31°	03730	03789	03848	03906	03965
32°	03476	03535	03594	03653	03712
33°	03209	03268	03327	03386	03445
34°	02942	03002	03061	03120	03179
35°	02665	02724	02784	02843	02902
t	b 771	772	773	774	775 mm

Logarithmen der Stickstoffgewichte

t	b 776	777	778	779	780 mm
5°	09459	09515	09572	09628	09684
6°	09275	09331	09387	09444	09500
7°	09090	09147	09203	09260	09316
8°	08907	08964	09020	09076	09133
9°	08725	08781	08838	08894	08951
10°	08537	08593	08650	08706	08763
11°	08343	08400	08456	08513	08569
12°	08156	08213	08269	08326	08383
13°	07964	08021	08078	08134	08191
14°	07767	07824	07881	07937	07994
15°	07571	07627	07684	07741	07798
16°	07374	07431	07488	07545	07601
17°	07173	07230	07287	07343	07400
18°	06971	07028	07085	07142	07199
19°	06765	06822	06879	06936	06993
20°	06553	06610	06668	06725	06782
21°	06342	06400	06457	06514	06571
22°	06131	06189	06246	06303	06360
23°	05909	05967	06024	06082	06139
24°	05688	05745	05803	05860	05917
25°	05467	05524	05582	05639	05697
26°	05234	05292	05349	05407	05465
27°	05002	05060	05118	05176	05233
28°	04764	04822	04880	04938	04996
29°	04527	04585	04644	04702	04759
30°	04278	04337	04395	04453	04511
31°	04023	04082	04140	04199	04257
32°	03770	03829	03887	03946	04004
33°	03504	03563	03621	03680	03738
34°	03238	03297	03356	03415	03474
35°	02961	03021	03080	03139	03197
t	b 776	777	778	779	780 mm

FSC
www.fsc.org
MIX
Papier | Fördert
gute Waldnutzung
FSC® C083411

Zeitfracht Medien GmbH
Ferdinand-Jühlke-Straße 7
99095 Erfurt, Deutschland
produktsicherheit@kolibri360.de